DIE Blumen-UHR

JAN THORBECKE VERLAG

Inhalt

Wer war Carl von Linné?

Der schwedische Naturwissenschaftler Carl von Linné ist der Erfinder der Blumenuhr. Doch das ist nicht der Grund, warum er in die Geschichte eingegangen ist. Vor allem kennt man ihn, weil er das heute gebräuchliche System der Bezeichnung von Tieren und Pflanzen eingeführt hat, die sogenannte *binominale Nomenklatur*. Dies bedeutet, dass die jeweilige Art eindeutig durch einen zweiteiligen lateinischen Namen bestimmt ist, der aus dem Gattungsnamen und einem beschreibenden Zusatz besteht. So bezeichnet *Calendula officinalis* z.B. die Gewöhnliche Ringelblume: Sie gehört zur Gattung der Ringelblumen *(Calendula)* und wird zu Heilzwecken benutzt, worauf die Bezeichnung *officinalis* deutet. Linné machte damit Schluss mit dem Namenschaos, dass damals in der Pflanzenkunde herrschte. Denn es kam nicht selten vor, dass ein und dieselbe Pflanze unter verschiedenen Namen geführt wurde. Linné führte aber nun ein einheitliches System ein, bei dem jede Pflanzenart einen eindeutigen Artnamen erhielt.

C. LINNE
3

Doch wie kam es zu dieser Karriere? Carl von Linné wurde unter dem Namen Carl Nilsson Linnæus 1701 als ältestes Kind eines Geistlichen geboren. Sein Vater hatte großes Interesse an Pflanzen und steckte den Sohn mit seiner Begeisterung an. Beide zogen gemeinsam in die Natur, um Pflanzen zu sammeln und zu bestimmen, was Linné auch während seines späteren Lebens auf Reisen nach Lappland, Holland, England und Frankreich fortführte. Ab 1727 studierte er an der Universität von Lund, anschließend in Uppsala.

1741 übernahm er dann den Lehrstuhl für Medizin an der Universität Uppsala. Er musste jedoch feststellen, dass der Unterricht in Botanik und die Aufsicht über den Botanischen Garten Uppsalas nicht zu seinen Pflichten gehörten, sondern in den Händen des Botanikprofessors Nils Rosén von Rosenstein lagen, der mit Pflanzen nichts anzufangen wusste. Schon im November 1741 richteten die beiden Professoren daher erfolgreich ein Gesuch an den Universitätskanzler, ihre Fächer tauschen zu dürfen. Im Januar 1742 machte sich Linné dann mit Feuereifer an die Umgestaltung des Botanischen Gartens und erweiterte die Sammlungen der Universität. Unter Linné erreichte der Botanikunterricht in Uppsala ungeahnten Aufschwung: Viele Studenten und Gasthörer kamen aus der schwedischen Hauptstadt und dem Ausland, um ihn zu hören.
1750 wurde Linné sogar zum Rektor der Universität Uppsala ernannt, was er bis wenige Jahre vor seinem Tod 1778 blieb. 1756 wurde er zum Leibarzt des Königs ernannt und in den Adelsstand erhoben – er hieß nun Carl von Linné. Mit seinen beiden Werken »Species plantarum« und »Systema naturae« schuf er die Grundlagen der modernen Klassifikation von Tieren und Pflanzen.

... wir lassen alle Uhren zerschlagen,
alle Kalender verbieten
und zählen Stunden und Monden nur
nach der Blumenuhr,
nur nach Blüte und Frucht.

GEORG BÜCHNER, LEONCE UND LENA

Die Blumenuhr

Wie spät ist es denn? Ein kurzer Blick auf den Klatschmohn, einmal kurz zur Ringelblume geschaut oder die Blüte der Hundsrose betrachtet – und schon weiß man, wie viel Uhr es ist. Es ist eine schöne Vorstellung, anhand der Natur die Zeit bestimmen zu können. Was heute als Spielerei erscheint, war früher Notwendigkeit, denn Uhren gab es nicht. So musste man sich nach den Zeichen der Natur richten. Wollten die Bauern zum Beispiel wissen, wann es Zeit war, zum Mittagessen nach Hause zurückzukehren, genügte ein Blick auf den Wiesenbocksbart, der seine Blüten pünktlich zur Mittagszeit schließt. Andere Pflanzen, etwa die Ringelblume, öffnen ihre Blüten später, wenn schlechtes Wetter bevorsteht, oder schließen sie vor einem Unwetter. So konnte man auch das Wetter bestimmen.
Bei seinen Ausflügen in die Natur beobachtete Carl von Linné auch die Blühzeiten der Blumen. Der Grund für diese festen Tagesabläufe war ihm schnell klar: Wären alle Blumen zur selben Zeit geöffnet, gäbe es unter den

Insekten, wie Bienen, Hummeln und Schmetterlingen, große Konkurrenz um die Blüten, aber auch die Blüten müssten um die Insekten konkurrieren, auf die sie zur Bestäubung angewiesen sind. Durch feste Blühzeiten wird das Zusammenspiel von Pflanzen und Bestäubern geregelt. Bienen wissen zum Beispiel ganz genau, welche Blüten um welche Zeit geöffnet sind, und verschwenden so keine unnötige Zeit mit der Suche nach Nahrung. Manche Blumen, wie beispielsweise die Nachtkerze oder die Wunderblume, öffnen ihre Blüten sogar ganz gezielt nachts. Auf diese Weise können sie sich auf in den Abendstunden oder in der Nacht fliegende Insekten wie Nachtfalter spezialisieren. Das sichert das Nahrungsangebot für diese Insekten, während die Blumen zu dieser ungewöhnlichen Blühzeit im Gegenzug kaum Konkurrenz um die Bestäuber fürchten müssen.
Um seine Beobachtungen vertiefen zu können, ließ Linné dann 1745 im Botanischen Garten von Uppsala die erste Blumenuhr anlegen. Sie bestand aus zwölf Feldern, in die er jeweils die Pflanzen setzte, die ihre Blüte zu dieser Stunde öffneten oder schlossen. Auf diese Weise konnte er Besucher nach einem Blick durchs Fenster mit der Angabe der genauen Uhrzeit verblüffen, auch wenn diese zunächst weit und breit keine Uhr erkennen konnten.

ES SCHLIESSEN SICH AM NACHMITTAG · ES OEFFNEN SICH AM VORMITTAG ·
12
1
2
3
4
5
6
7
8
9
10
11
schließt sich
geht auf
schließt sich
Ringelblume, Calendula arvensis
Felsennelke, Dianthus prolifer
Mauseohr, Hieracium pilosella
Gauchheil, Anagallis arvensis
Wegwarte, Cichorium intybus
Löwenzahn, Taraxacum officinale
Graslilie, Anthericum liliago
Rotes Habichtskraut, Hieracium rubrum
Wunderblume, Mirabilis jalapa
Sauerklee, Oxalis acetosella
Weiße Seerose, Nymphaea alba
Nachtkerze, Oenothera biennis
Roter Pippau, Crepis rubra
Weiße Seerose, Nymphaea alba
Graslilie, Anthericum liliago
Johanniskraut, Hypericum
Gauchheil, Anagallis arvensis
Tausendgüldenkraut, Erythraea centaurium
Karthäuser-Nelke, Dianthus carthusian.
Ringelblume, Calendula arvensis
Eiskraut, Mesembryanthemum
Schuppenmiere, Spergularia
Tigerblume, Lilium tigrinum
Gänsedistel, Sonchus oleraceus

Acker-Ringelblume

Die Ackerringelblume ist auf den ersten Blick etwas unscheinbarer als die Gewöhnliche oder Garten-Ringelblume *(Calendula officinalis)*. Auf den zweiten Blick aber kann sie es in Schönheit und Heilwirkung durchaus mit ihrer großen Schwester aufnehmen. Aber Vorsicht: Die wild wachsende Acker-Ringelblume ist heute selten geworden und darf daher in der Natur nicht gepflückt werden. Wie die Blüten der Garten-Ringelblume öffnen und schließen sich auch die ihrer wilden Verwandten zu ganz bestimmten Tageszeiten; geöffnet sind sie etwa zwischen neun und dreizehn Uhr. Mit Hilfe der Garten-Ringelblume konnten die Bauern außerdem das Wetter vorhersagen – ist sie nämlich morgens um sieben noch geschlossen, so deutet das auf Regen hin, ist sie geöffnet, so steht ein schöner Tag zu erwarten. Auf diese Bewegungen der Ringelblume weisen bereits alte Kräuterbücher hin. Sie sollen der Pflanze auch ihren lateinischen Namen verliehen haben – calendula bedeutet nämlich »kleiner Kalender«.

Sprossende Felsennelke

PETRORHAGIA PROLIFERA

Wie schon der Name verrät, gehört die Sprossende Felsennelke oder Kopfnelke zu den Nelkengewächsen *(Caryophyllaceae)* und ist damit eine Verwandte der beliebten Garten- und Schnittblume. Die hübsche einjährige Blume ist wie die Acker-Ringelblume in der Natur selten geworden und sollte daher nicht gepflückt oder ausgegraben werden. Ihre Blüten öffnen sich am Vormittag und schließen sich bis etwa dreizehn Uhr wieder. Allerdings hat das in ihrem Fall nichts mit den Besuchszeiten der Insekten zu tun, denn die Sprossende Felsennelke bestäubt sich fast immer selbst. Nur selten einmal verirrt sich ein Insekt an ihre kleinen Blütenköpfchen. Die hübsche Wildblume benötigt viel Sonne und warme Böden. Findet man sie daher wild wachsend, ist dies ein Hinweis auf warmes Klima und geschützte Standorte.

Kleines Habichtskraut

HIERACIUM PILOSELLA

Die Habichtskräuter, zu denen auch das Kleine Habichtskraut oder Mausohr-Habichtskraut gehört, verdanken ihren Namen dem Ende ihrer Blüten – es erinnert nämlich im Aussehen an Habichtsschwingen. Außerdem sagt man dem Kraut nach, es solle an so unzugänglichen Standorten wachsen, dass nur Habichte es erreichen können. Der hübsche Korbblütler *(Asteraceae)* blüht leuchtend gelb von Mai bis Oktober. Besonders gerne wird die Blume von Zottelbienen besucht – sie haben dazu vor allem vormittags Zeit, denn die kleinen Blüten öffnen sich gegen acht Uhr und schließen sich bis vierzehn Uhr. Das Kleine Habichtskraut ist besonders gut an trockene Standorte angepasst: Bei großer Trockenheit rollen sich die Blätter ein, so dass die weiße Blattunterseite nach außen zeigt. Auf diese Weise können die Pflanzen mehr Licht reflektieren, erwärmen sich dadurch weniger und verbrauchen so weniger Wasser.

Acker-Gauchheil

ANAGALLIS ARVENSIS

Der Acker-Gauchheil wird auch Roter Gauchheil oder Weinbergsstern genannt. Der letztere Name bezieht sich auf die hübschen fünfzähligen Blüten, die an kleine Sterne erinnern. Neben der roten gibt es auch eine blaue Variante der Blume. Im Vergleich zum Kleinen Habichtskraut ist der Acker-Gauchheil eher ein Spätaufsteher, denn seine Blüten öffnen sich erst gegen neun Uhr. Sie schließen sich wie beim Kleinen Habichtskraut gegen vierzehn Uhr, bei trübem Wetter schon früher. Das hat der Pflanze auch die Beinamen Wetter- oder Nebelkraut eingetragen. Früher galt der Gauchheil als Heilpflanze gegen Geschwüre und Geisteskrankheiten – daher kommt auch der deutsche Name, denn *gauch* bedeutete im Mittelhochdeutschen »Narr«. Seine Geltung als Heilpflanze hat der Gauchheil inzwischen verloren; es ist sogar Vorsicht geboten, denn die Pflanze ist vor allem in der Wurzel leicht giftig.

Gewöhnliche Wegwarte

CICHORIUM INTYBUS

Kaum jemand kann sich vorstellen, dass der bekannte Chicorée-Salat eine Kulturform der hübschen blauen Blume ist, die oft die Wegränder säumt. Die Wegwarte hat ihren Namen von ihrem bevorzugten Standort: Häufig findet sie sich nämlich an Wegrändern. Früher glaubte man, sie bewache (also »warte«) die Wege. Einer anderen Legende zufolge ist die Wegwarte ein in eine Blume verzaubertes Mädchen, das vergeblich auf seinen Liebsten wartet. Die Blume gehört zur Familie der Korbblütler *(Asteraceae)*. Nur einen einzigen Tag erfreut die Wegwarte mit ihren hübschen blauen Korbblüten, die sich schon gegen fünf Uhr morgens öffnen. Gegen fünfzehn Uhr schließen sich diese und beginnen sofort zu welken. Je nach Wetter kann dies auch bereits früher oder später geschehen – bei gutem Wetter früher, bei schlechtem später. Auf diese Weise bietet sie den Insekten, die vorwiegend bei gutem Wetter fliegen, bei Bedarf längere Zeiträume für die Bestäubung.

Löwenzahn

TARAXACUM OFFICINALE

Der Löwenzahn überzieht im Frühling die Wiesen mit sattem Gelb. Die hübsche Blume gehört zur Familie der Korbblütler *(Asteraceae)* und ist bei uns so verbreitet, dass sie von manchen als Unkraut betrachtet wird. Sie ist allerdings als früh blühende Blume eine wichtige Bienenweide. Hauptblütezeit liegt im Mai, doch kann man einzelne Blüten auch noch im Herbst leuchten sehen. Die Blüten öffnen sich aber nur bei direkter Sonneneinstrahlung. Löwenzahn ist eine Blume für fast alle Standorte, an die er sich gut anpassen kann: Mal wächst die Blume an einem langen Stängel, um möglichst viel Licht zu erwischen, mal bleiben Blätter und Blüten auf viel begangenen Wegen dicht am Boden. Fast so vielfältig wie die Standorte des Löwenzahns sind auch seine Namen: Kuhblume, Maiblume, Butterblume und Pusteblume. Der letztere Name erinnert an die kleinen Samen-Fallschirmchen, die Kinder gerne in die Luft pusten.

Astlose Graslilie

ANTHERICUM LILIAGO

Die Astlose oder Traubige Graslilie gehört zu den Spargelgewächsen *(Asparagaceae)* und ist damit mit unserem Gemüsespargel verwandt. Diese Familienzugehörigkeit sieht man der hübschen Blume mit den traubigen Blütenständen aber nur bei genauem Hinsehen an. Die bis zu achtzig Zentimeter hoch werdende Pflanze ist gut an Trockenheit angepasst. Sie bevorzugt sonnige Standorte mit kalkarmen, nährstoffreichen Böden, auf denen sie dann von Mai bis Juli mit ihren weißen, in Trauben oder Rispen stehenden Blüten erfreut. Der schmale, aufrechte Stängel ist blattlos. Durch den Rückgang geeigneter Standorte ist die Astlose Graslilie in der Natur selten geworden, sollte dort also nicht gepflückt oder ausgegraben werden. Es gibt sie aber in guten Gartenfachgeschäften zu kaufen. Ihr Anbau im Garten lohnt durchaus, denn neben ihrer Unempfindlichkeit gegen trockene Böden besitzt sie auch einen angenehmen Duft.

Rotes Habichtskraut

HIERACIUM RUBRUM

Wie das Kleine Habichtskraut mit seinen gelben Blüten gehört auch das Rote Habichtskraut zu den zahlreichen Arten der Habichtskräuter. In Deutschland sind knapp zweihundert davon heimisch. Sie werden zur Familie der Korbblütler *(Asteraceae)* gezählt. Das Rote Habichtskraut verzaubert von Juni bis August durch seine orange- bis dunkelroten, asternähnlichen Blüten, die der Art ihren Namen verliehen haben. Diese schließen sich erst am Nachmittag gegen sechzehn Uhr. Mehrere Blütenköpfchen teilen sich einen dicht mit Haaren bedeckten Stängel. Die Pflanze bevorzugt lichte Standorte und kann bis zu zwanzig Zentimeter hoch werden. Das Rote Habichtskraut breitet sich über Ausläufer aus und bildet an geeigneten, sonnigen Standorten dichte Polster, die kaum Pflege brauchen. Aus diesem Grund kann man es auch als hübsche Dachbegrünung verwenden, aber auch für den Steingarten ist es gut geeignet.

Wunderblume

MIRABILIS JALAPA

Besonders ungewöhnliche Blühzeiten hat die ursprünglich aus Mittelamerika stammende Wunderblume. Sie öffnet ihre Blüten nämlich am späten Nachmittag. Diese bleiben dann bis spät in die Nacht hinein geöffnet und werden von Nachtfaltern befruchtet. Ist das Wetter trübe, öffnen sich die Blüten manchmal auch früher am Nachmittag, um so die Zeitspanne für die Befruchtung durch Insekten zu erhöhen. In England heißt die Pflanze wegen ihrer späten Öffnung der Blüten »Vier-Uhr-Blume«. Viele Sorten besitzen einen wunderbaren Duft und werden daher gerne in der Nähe von Terrassen oder Sitzplätzen gepflanzt. Die Beliebtheit der Wunderblume und ihr Name basieren auf der Tatsache, dass ihre Blüten an einer einzigen Pflanze in der Färbung variieren können – es gibt sogar Farbübergänge innerhalb einer Blüte. Bei uns ist die Wunderblume nicht winterhart. Sie wird daher einjährig oder in Kübeln gezogen bzw. die Knollen werden wie bei Dahlien im Herbst ausgegraben.

Wald-Sauerklee

OXALIS ACETOSELLA

Die meisten der Sauerkleearten wachsen in tropischen oder subtropischen Regionen, nur der Wald-Sauerklee ist in unseren Wäldern heimisch. Dort benötigt er nur wenig Sonnenlicht und breitet sich vor allem als Bodendecker unter schattigen Gehölzen aus. An den Enden der drei Blattfiedern befinden sich Gelenke, mit deren Hilfe die Pflanze ihre Blätter nach unten klappen kann. Dies geschieht nachts und bei kühlen Temperaturen, bei Erschütterung zum Schutz, aber auch bei zu viel Sonneneinstrahlung, da der Wald-Sauerklee seine Verdunstungsoberfläche reduziert, indem er die Blattunterseiten aneinanderlegt. Die kleinen weißen Blüten öffnen sich dagegen nur bei Sonnenlicht, etwa zwischen zehn Uhr vormittags und fünf Uhr nachmittags. Seinen Namen verdankt der Sauerklee dem leicht säuerlichen Geschmack. Die Blätter können frisch in Salaten, abgekocht als Gemüse oder in Suppen und Saucen gegessen werden, doch muss man wegen des hohen Gehalts an Oxalsäure vorsichtig sein.

Weiße Seerose

NYMPHAEA ALBA

Vor große Herausforderungen bei der Anlage einer Blumenuhr stellt die Seerose, braucht sie doch einen Teich oder Bottich mit Wasser, um gedeihen zu können. Man findet sie wild wachsend in stehenden oder langsam fließenden Gewässern, in denen sie im schlammigen Grund wurzelt. Zu unruhig darf das Wasser aber nicht sein – so meidet sie beispielsweise die Nähe von Springbrunnen und Wasserfällen. Sie verträgt nämlich kein Wasser auf Blüten und Blättern. Ihre Stängel können bis zu drei Meter lang werden, die Blätter sind auf der Oberseite mit einer wasserabweisenden Schicht versehen und treiben auf dem Wasser. Neben der Weißen Seerose gibt es auch rot, rosé, gelb, orange oder sogar blau blühende Arten – letztere jedoch nur in tropischen Regionen. Ihre prachtvollen Blüten bringen die Teichoberfläche zum Leuchten. Sie öffnen sich bereits morgens gegen sechs bis sieben Uhr und schließen sich erst am späten Nachmittag oder frühen Abend wieder.

Gewöhnliche Nachtkerze

Der Name der Nachtkerze lässt bereits vermuten, dass es sich bei ihr um eine Blume mit ungewöhnlicher Blühzeit handelt: Ihre Blüten öffnen sich in der Abenddämmerung mit einem vernehmlichen Knistern. Das geschieht so schnell, dass man den Vorgang mit bloßem Auge gut sehen kann. Ausgelöst wird das durch die Abkühlung der Temperatur – an kühlen Tagen geschieht dies also früher als an warmen. Bis spätestens zum nächsten Mittag sind die Blüten dann verblüht. Besucht werden sie vor allem von Nachtschwärmern, am Vormittag auch von Bienen, Hummeln und Schmetterlingen. Der lateinische Namenszusatz *biennis* verweist auf die Zweijährigkeit der Pflanze: Sie blüht nämlich meistens erst im zweiten Jahr. Die vollständig geöffneten Blüten verströmen einen intensiven Duft, der dazu dient, möglichst viele Insekten zur Bestäubung anzulocken – denn jeder Blütenstand hat dafür ja nur eine Nacht zur Verfügung.

Roter Pippau

CREPIS RUBRA

Der Rote Pippau gehört zu den rund zweihundert weit verbreiteten Pippau-Arten, die zu den Korbblütlern *(Asteraceae)* zählen und mit dem Löwenzahn und dem Habichtskraut verwandt sind. Vor allem mit Letzterem wird der Pippau auch gerne verwechselt. Roter Pippau ist bei uns nicht einheimisch, kann aber im Frühjahr oder Herbst angesät werden und erfreut dann ab Mai für einige Wochen mit seinen hübschen roséfarbenen Blüten. Mit großer Wahrscheinlichkeit sah Linné allerdings nicht den Roten Pippau für seine Blumenuhr vor, sondern den orangeroten Gold-Pippau *(Crepis aurea)*, der vor allem im Jura und im Alpenraum verbreitet ist. Dort wächst er auf nährstoffreichen Wiesen, auf denen die orangeroten Blüten von Juni bis September für Farbkleckse sorgen. Gold-Pippau ist mehrjährig und wird gerne in Steingärten gepflanzt. Für die Bestäubung sorgen vorwiegend Fliegen und Bienen, die Samen werden durch den Wind verbreitet.

Weiße Seerose

Die Seerose erhielt ihren Namen wegen der wunderschönen Blüten, die in ihrer Pracht an Rosen erinnern. Den lateinischen Namen verdankt sie den Wasser- oder Teichnymphen, an deren anmutige Gestalt die Seerose erinnerte. Für die Bestäubung der Blüten sorgen Hummeln, Fliegen, Schilfkäfer und andere am Wasser lebende Insekten. Die Weiße Seerose gehört zu den geschützten einheimischen Pflanzen. Die dekorative Wasserpflanze kann sich auf verschiedene Arten fortpflanzen: zum einen durch die in einer beerenähnlichen Sammelfrucht liegenden Samen, die sich nach Zersetzung der Frucht schwimmend verbreiten können, zum anderen mit Hilfe von abgelösten Rhizomteilen, die ebenfalls durch die Strömung fortgetragen werden, zu Boden sinken und dort einwurzeln. Gelegentlich tragen auch Wasservögel zu ihrer Vermehrung bei. Wenn es der Seerose an ihrem Standort gefällt, breitet sie sich schnell von selbst aus.

Astlose Graslilie

ANTHERICUM LILIAGO

Mit ihrem intensiv-süßen Duft lockt die Graslilie vor allem Bienen und Schmetterlinge zur Bestäubung an ihre Blüten. Jede Blütentraube besitzt etwa sechs bis zehn Blüten, die zwischen acht Uhr morgens und vier Uhr nachmittags geöffnet sind. Die Graslilie kann leicht durch Teilung des Rhizoms oder Aussaat der Samen im Frühjahr vermehrt werden. Die Jungpflanzen können schon im Herbst vorgezogen werden. Will man sich an den wohlriechenden Blüten der Astlosen Graslilie erfreuen, so benötigt man allerdings etwas Geduld: Erst im zweiten oder dritten Jahr bilden sich die hübschen weißen Blüten. Dafür hat man allerdings lange Freude an der Pflanze. Ist sie einmal an einem Standort heimisch geworden, treibt sie jedes Jahr neu aus dem Rhizom aus und vermehrt sich sogar durch Selbstaussaat der in den grünen Kapselfrüchten enthaltenen Samen.

Gewöhnliches Johanniskraut

HYPERICUM PERFORATUM

Die leuchtend gelben Blüten des Johanniskrauts sollen angeblich genau am 24.6., dem Johannistag, erscheinen, was der Pflanze ihren Namen eingebracht hat. Tatsächlich blüht das Johanniskraut von Juni bis September. Die an Trugdolden stehenden Blüten werden vor allem von Hummeln, Bienen und Schwebfliegen besucht. Das Gewöhnliche Johanniskraut heißt auch Tüpfel-Johanniskraut oder Durchlöchertes Johanniskraut. Diese Namen verweisen wie der lateinische Zusatz *perforatum* auf eine Besonderheit der Pflanze: Kleine durchsichtige Öldrüsen in den Blättern lassen die Pflanzen wie mit kleinen Punkten übersät aussehen. Einer Legende zufolge sollen die Punkte entstanden sein, als der Teufel das Kraut durchbohrte, weil er so über die Heilwirkung der Pflanze – bei Verstimmungszuständen, Kopfschmerzen und Schlafstörungen – verärgert war.

Acker-Gauchheil

ANAGALLIS ARVENSIS

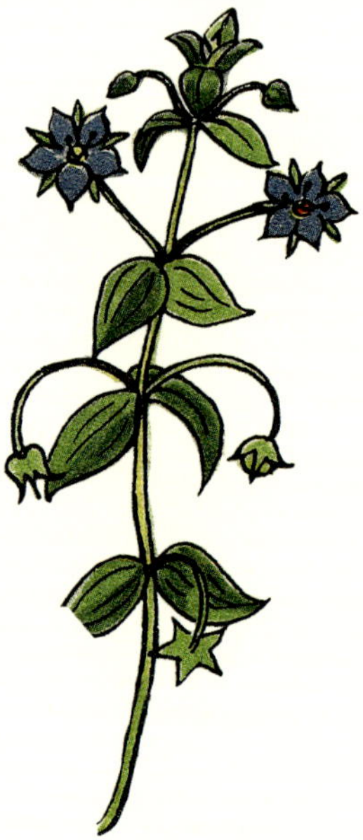

Während die Linné'sche Blumenuhr bei zwei Uhr die rote Variante des Acker-Gauchheils abbildet, zeigt sie bei neun Uhr die seltenere blaue Variante *(Anagallis arvensis f. azurea)*, nicht zu verwechseln mit dem Blauen Gauchheil, einer anderen Gauchheil-Art. Zu diesem Zeitpunkt – bei gutem Wetter auch schon früher – öffnen sich die Blüten beider Farbvarianten. Zieht ein Unwetter herauf, schließen sich die Blüten auch schon vor der üblichen Zeit (vierzehn Uhr). Da dies bereits deutlich vor dem Unwetter geschieht, diente der Acker-Gauchheil den Bauern früher zur Wettervorhersage. Acker-Gauchheil wächst bei uns, wie der Name nahelegt, vor allem auf Äckern, aber auch auf Schutthalden und in Weinbergen sowie in Gärten. Für den Wildpflanzengarten eignet sich die niedrige Kriechpflanze unter anderem wegen ihrer langen Blühzeit von Mai bis Oktober und ihrer hübsch anzusehenden roten oder blauen Blüten.

Echtes Tausendgüldenkraut

CENTAURIUM ERYTHRAEA

Die hübschen rosafarbenen bis weißen Blüten des Tausendgüldenkrauts aus der Familie der Enziangewächse *(Gentianaceae)* öffnen sich nur bei Sonnenschein und Temperaturen über 20 °C. Abends schließen sie sich bei Einbruch der Dunkelheit. Da die Blüten keinen Nektar enthalten, kommen als Bestäuber nur Insekten in Frage, die gerne Pollen fressen, etwa Fliegen und Bienen. Das Tausendgüldenkraut blüht von Juli bis Oktober, die einzelnen Blüten halten sich aber nur etwa fünf Tage. Das Tausendgüldenkraut mag es am liebsten sonnig und feucht, kommt aber auch mit leichter Trockenheit gut zurecht. Weil es inzwischen selten geworden ist und als bedroht gilt, darf wild wachsendes Tausendgüldenkraut nicht gepflückt oder ausgegraben werden. Will man daher eine Blumenuhr im eigenen Garten anlegen, muss man auf Samen aus dem Handel zurückgreifen, was sich ohnehin bei allen Pflanzen empfiehlt.

Karthäuser-Nelke

DIANTHUS CARTHUSIANORUM

Auch die Karthäusernelke ist inzwischen bei uns selten geworden und daher geschützt. Sie wächst gerne auf trockenen, warmen Böden, in Felsspalten, auf mageren Weiden oder an Böschungen, wo sie zwischen Juni bis September leuchtend pink blüht. Sie kann bis zu einem halben Meter hoch werden. Die engen Blüten mit dem tief sitzenden Nektar werden vor allem von Tagfaltern gerne besucht, die auch für deren Bestäubung sorgen.
Die mehrjährige Blume gehört, wie der Name vermuten lässt, zu den Nelkengewächsen *(Caryophyllaceae)* und ist damit mit der Garten- und Schnittblume verwandt. Unklar ist, wem die Karthäuser-Nelke ihren Namen verdankt: entweder den Naturforschern J. und F. Karthäuser aus dem 18. Jahrhundert oder den Kartäusermönchen, die die Blume angeblich besonders gerne in ihren Gärten zogen. Für Letzteres würde der angenehme Duft der Blume sprechen, den sicher auch die Mönche zu schätzen wussten.

Acker-Ringelblume

CALENDULA ARVENSIS

Wie kleine Sonnen sehen die gelben oder orangefarbenen Blüten der Ringelblume aus, und es erscheint dem Laien daher auch nicht verwunderlich, dass die Blume sonnige Standorte besonders schätzt. Ihren Namen verdankt die Ringelblume ihren ringförmig gekrümmten Randfrüchten. Schon im Mittelalter schätzte man die Blume als Heilpflanze und bringt ihr auch heute noch medizinische Hochachtung entgegen. Im Regelfall ist es jedoch die Garten-Ringelblume und nicht die seltene Acker-Ringelblume, die zur Heilung von Wunden, Verbrennungen, Quetschungen und Geschwüren verwendet wird – meist äußerlich in Form einer Salbe. Die Acker-Ringelblume ist genauso wirksam wie ihre große Schwester, darf allerdings nicht wild gesammelt werden, sondern muss wie diese im Garten angepflanzt werden, wenn man ihre Wirkung nutzen will.

Eiskraut

MESEMBRYANTHEMUM CRYSTALLINUM

Einen besonders interessanten Anblick bietet das Eiskraut aus der Familie der Mittagsblumengewächse *(Aizoaceae)*. Die Blätter sind nämlich über und über mit an Eiskristalle erinnernden Papillen übersät. So wirkt das Eiskraut immer wie von Raureif überzogen – daher auch der Name der Pflanze. Andere Namen sind Kristallkraut oder Eisblume. Die einzeln stehenden Blüten, die einen Durchmesser von bis zu drei Zentimetern erreichen können, sind weiß bis blassrosa gefärbt. Das Eiskraut blüht von Februar bis Juli weiß, ist bei uns nicht winterhart und schätzt – seiner Herkunft aus dem Mittelmeerraum entsprechend – vorwiegend sonnige und trockene Standorte. In warmen Ländern wird das Eiskraut als Salat- und Gemüsepflanze angebaut. Da die Pflanze immer neue Blätter bildet, kann etwa alle vierzehn Tage geerntet werden.

Schuppenmiere

SPERGULARIA

Schuppenmieren werden auch Spörgel oder Spärklinge genannt und gehören zu den Nelkengewächsen *(Caryophyllaceae)*. Die Pflanzen sind oft mehrjährig und bilden dichte Rasenpolster mit verholzenden Stängeln. An ihren Standort stellen sie sehr geringe Ansprüche, so dass man Schuppenmieren an Wegrändern, Böschungen und auf Äckern finden kann. Gerne mögen sie zwar nährstoffreiche und sandige Böden, doch da sie auch mit sauren Böden zurechtkommen, können sie Anzeiger für sauer gewordene Böden sein. Die bei uns am häufigsten vorkommende der rund fünfundzwanzig Schuppenmieren-Arten ist die Rote Schuppenmiere *(Spergularia rubra)*, auch Acker-Schuppenmiere genannt. Ihren Namen verdankt sie der Farbe ihrer Blüten, die allerdings nicht, wie der Name vermuten lässt, leuchtend rot sind, sondern von Weiß über Rosa bis Rosenrot changieren können. Sie sind etwa zwischen elf und fünfzehn Uhr geöffnet.

Tigerlilie

Die prachtvolle Tigerlilie gehört zur Familie der Liliengewächse *(Liliaceae)*, ist also beispielsweise auch mit der Weißen oder Madonnenlilie verwandt. Ihren Namen verdankt sie der Farbe ihrer Blüten: Zinnoberrot mit dunkelpurpurnen Tupfen. So entsteht eine Farbzusammenstellung, die an das Fell eines Tigers erinnert. Die Pflanze blüht von Juli bis gelegentlich in den September hinein und kann bis zu einhundertfünfzig Zentimeter hoch werden. Ihre leicht nickenden Blüten bestehen aus sechs Blütenblättern und ähneln denen des Türkenbunds, einer anderen Lilienart. Die Tigerlilie bevorzugt leicht schattige Standorte – am meisten schätzt sie es, wenn ihre Wurzeln im Schatten, ihre Blüten jedoch in der Sonne stehen. Gezüchtete Sorten sind im Regelfall steril – sie vermehren sich also über Achselbulben. Die Wildform bildet zwar auch Achselbulben, kann sich aber darüber hinaus auch über Samen verbreiten.

Gewöhnliche Gänsedistel

SONCHUS OLERACEUS

Die Gewöhnliche oder Gemüse-Gänsedistel gehört zu den Korbblütlern *(Asteraceae)*. Letzteren Namen verdankt die Pflanze der Tatsache, dass man sie früher als Gemüse anbaute. Ihre leuchtend gelben Blüten zieren die bis zu einen Meter hohen Stängel von Juni bis Oktober. Nur bei schönem Wetter öffnen sich die Blüten morgens gegen fünf Uhr und schließen sich am Mittag. Sie werden vorwiegend von Schwebfliegen, Bienen und Schmetterlingen bestäubt. Ihre Samen verteilt die Gewöhnliche Gänsedistel wie der Löwenzahn, mit dem ihre Blüten entfernte Ähnlichkeit besitzen, mit Hilfe kleiner Fallschirmchen. Die Gänsedistel stellt keine großen Ansprüche an den Standort und ist daher fast in ganz Europa an Wegrändern, auf Äckern und in Gärten verbreitet. Oftmals wird sie sogar als Unkraut betrachtet, zumal ihr wegen ihrer tief reichenden Wurzeln nur schwer beizukommen ist.

Tigerblume, Lilium tigrinum
Gänsedistel, Sonchus oleraceus
Ringelblume, Calendula arvensis
Felsennelke, Dianthus prolifer
Mauseohr, Hieracium pilosella
Gauchheil, Anagallis arvensis
Wegwarte, Cichorium intybus
Löwenzahn, Taraxacum officinale
Graslilie, Anthericum liliago
Rotes Habichtskraut, Hieracium rubrum
Wunderblume, Mirabilis jalapa
Sauerklee, Oxalis acetosella
Weiße Seerose, Nymphaea alba
Nachtkerze, Oenothera biennis
Roter Pippau, Crepis rubra
Weiße Seerose, Nymphaea alba
Graslilie, Anthericum liliago
Johanniskraut, Hypericum
Gauchheil, Anagallis arvensis
Tausendgüldenkraut, Erythraea centaurium
Karthäuser Nelke, Dianthus carthusian.
Ringelblume, Calendula arvensis
Eiskraut, Mesembryanthemum
Schuppenmiere, Spergularia
schließt sich
geht auf
schließt sich
12
1
2
3
4
5
6
7
8
9
10
11
ES SCHLIESSEN SICH AM NACHMITTAG · ES OEFFNEN SICH AM VORMITTAG ·

Eine eigene Blumenuhr

Es ist heute gar nicht so einfach, eine Blumenuhr nach Linnés Vorbild anzulegen. Viele der darin vorkommenden Pflanzen sind inzwischen geschützt, dürfen also nicht in der Natur gesammelt werden. Man muss auf Samen aus dem Handel zurückgreifen. Viele der Pflanzen der Blumenuhr mögen es außerdem gerne sonnig, einige wenige ziehen jedoch den Schatten vor. Und für die Weiße Seerose, die in der Blumenuhr zweimal vorgesehen ist, muss sogar jeweils ein passender Bottich beschafft oder ein Teich angelegt werden.

Besonders pünktlich ist sie außerdem nicht, die Uhr, die Linné wohl eher als eine Art Gedankenexperiment gestaltet hat, auch wenn er die Uhr tatsächlich in seinem Garten in Uppsala angelegt haben soll. Zu vielfältig sind die Faktoren, die das Öffnen und Schließen der Blüten beeinflussen: Standort und Jahreszeit, vor allem aber das Wetter. Doch Linné ging es schließlich vor allem darum, das Phänomen des Öffnens und Schließens der Blüten

genau beobachten zu können. Eine Blumenuhr ist tatsächlich ein interessantes Untersuchungsobjekt. Man kann daran beobachten, dass jede Pflanze ihren ganz eigenen Tagesrhythmus hat, außerdem ist es spannend zu sehen, welche Blume wann blüht und welche Insekten sie jeweils zum Bestäuben besuchen. Gerade mit Kindern kann das Anlegen einer eigenen Blumenuhr daher zu einem großen Abenteuer werden, bei dem man ganz nebenher viel lernt. Wir wissen heute leider nicht mehr, ob Linné wirklich alle Pflanzen so wie auf der gezeichneten Blumenuhr angepflanzt hat oder ob er seine Blumenuhr an die Verhältnisse in seinem schwedischen Garten angepasst hat. Und so kann sich jeder seine eigene Blumenuhr zusammenstellen, je nach den Gegebenheiten in seinem Garten wie Boden, Lichtverhältnissen und Wetterlage, den Pflanzen, die gerade erhältlich sind, und dem ganz persönlichen Geschmack. Für eine Blumenuhr eignet sich etwa auch der Klatschmohn, der sich bereits in der Morgendämmerung öffnet, oder die Passionsblume, die ziemlich genau die Mittagszeit anzeigt, während der Wiesenbocksbart um diese Zeit schon wieder schlafen geht. Und auch die Größe seiner Blumenuhr kann jeder selbst bestimmen: von einem bis zu zehn Metern ist alles möglich.

Neben der Tageszeit können die Blumen aber auch das Wetter ansagen. Viele schließen sich nämlich bereits einige Zeit vor dem Regen oder öffnen sich erst sehr viel später als sonst, wenn sie schlechtes Wetter »vorhersehen«. Wer seine Blumenuhr daher genau kennt, kann sie also auch zur Wetterprognose nutzen – oftmals zuverlässiger als alles, was Meteorologen vorhersagen können. Dies lässt sich oft auch schon im ganz normalen Garten beobachten – viele Blüten, wie Rose oder Linde, duften besonders stark, wenn ein Wettersturz droht. Stoppen Duft und Nektarfluss, ist es höchste Zeit, sich und seine Sachen ins Trockene zu bringen: Das Unwetter steht dann nämlich unmittelbar bevor. Wichtig ist jedenfalls, dass man seine Pflanzen sehr gut kennt, bevor man eine Blumenuhr anlegt. Das Beste wäre daher, wenn man die Blumen erst einmal bei sich im Garten beobachtet: Zu welcher Tageszeit öffnen und schließen sie sich an diesem Standort genau? Wie reagieren sie auf schlechtes oder besonders sonniges Wetter? … Wenn man das weiß, dann ist es ein Leichtes, eine Blumenuhr zusammenzustellen, die auf den eigenen Garten abgestimmt ist. Und wer genau beobachtet, der wird vielleicht irgendwann in der Lage sein, die Uhrzeit bis auf fünf Minuten genau von seiner Blumenuhr ablesen zu können, wie es die Legende von Linné erzählt.

VERLAGSGRUPPE PATMOS

PATMOS
ESCHBACH
GRÜNEWALD
THORBECKE
SCHWABEN

Die Verlagsgruppe
mit Sinn für das Leben

BILDNACHWEIS: Blumenuhr: gezeichnet von Ursula Schleicher-Benz | S. 5: Archives Charmet / The Bridgeman Art Library.

Der Verlag dankt allen Rechteinhabern für die freundliche Genehmigung zum Nachdruck.

MIX
Papier aus verantwortungsvollen Quellen
FSC
www.fsc.org
FSC® C028513

Für die Schwabenverlag AG ist Nachhaltigkeit ein wichtiger Maßstab ihres Handelns. Wir achten daher auf den Einsatz umweltschonender Ressourcen und Materialien. Dieses Buch wurde auf FSC®-zertifiziertem Papier gedruckt. FSC (Forest Stewardship Council®) ist eine nicht staatliche, gemeinnützige Organisation, die sich für eine ökologische und sozial verantwortliche Nutzung der Wälder unserer Erde einsetzt.

www.thorbecke.de

Gestaltung: Finken & Bumiller, Stuttgart
Druck: Süddeutsche Verlagsgesellschaft, Ulm
Hergestellt in Deutschland
ISBN 978-3-7995-0715-8